TEA BOOK

品茶有讲究

择具布席

东方茶韵 编

农村读物出版社
中国农业出版社
北京

图书在版编目（CIP）数据

品茶有讲究·择具布席 / 东方茶韵编. — 北京 ：农村读物出版社，2020.11
ISBN 978-7-5048-5794-1

Ⅰ. ①品… Ⅱ. ①东… Ⅲ. ①茶具－基本知识 Ⅳ. ①TS972.23

中国版本图书馆CIP数据核字（2019）第001448号

品茶有讲究·择具布席
PINCHA YOUJIANGJIU · ZEJU BUXI

农村读物出版社出版
地址：北京市朝阳区麦子店街18号楼
邮编：100125
策划编辑：刘宁波
责任编辑：李 梅 甘露佳
版式设计：水长流文化　　责任校对：吴丽婷
印刷：北京中科印刷有限公司
版次：2020年11月第1版
印次：2020年11月北京第1次印刷
发行：新华书店北京发行所
开本：710mm × 1000mm　1/16
印张：8.25
字数：230千字
定价：39.90元

版权所有·侵权必究
凡购买本社图书，如有印装质量问题，我社负责调换。
服务电话：010－59195115　010－59194918

目录

一 常用茶具有讲究

二 茶具材质有讲究

三 选择茶具有讲究

泡茶是一门艺术，非常讲究器具。现在，茶具的款式、颜色、材质越来越丰富多样。泡好一杯茶，首先要从了解茶具开始。

常用茶具有讲究

主泡器具有讲究

茶壶

茶壶一般包括壶盖、壶身、壶底和圈足四部分，主要用来泡茶和斟茶。也可直接用小茶壶来泡茶和盛茶，独自品饮。泡茶时，茶壶的大小要根据饮茶的人数来定。

茶壶的质地多样，其中紫砂壶、瓷壶、玻璃壶使用较多，尤其是紫砂壶，它具有吸附能力强、透气性好等特点，适宜泡黑茶、乌龙茶，一直深受饮茶人的追捧。

茶壶

茶壶选购技巧

①看质地：观察壶的胎骨及色泽，一般以胎骨坚硬、色泽润者为佳。

②闻壶味：若新壶略带瓦味则并无大碍，若带火烧味或其他杂味（如油味、人工色素味等）则不可选。

③验紧密度：主要是检验壶盖与壶身的紧密程度，紧密度越高，使用越方便。紧密度检验方法有两种：一种是向壶中注入1/3～1/2壶水，用手压住气孔后倾壶倒水，没水流出则证明壶的紧密度高；另一种是把壶注满水后倾壶倒水，壶盖处不渗水则证明壶的紧密度高。

④验出水：倾壶倒水，出水态势以劲、顺为佳，水流以长为佳，壶里滴水不留为佳。

茶壶使用方法

①标准持壶法：拇指和中指捏住壶柄，无名指抵住壶柄下部，食指轻轻搭在壶钮上，小指收好。注意不要按住壶盖上方的出气孔。

②双手持壶法：一般右手将壶提起，左手食指扶在壶钮上。这种手法适合初学泡茶者。

③其他持壶法：食指、中指穿过并勾住壶柄，拇指轻按壶钮。这种手法容易学，但易摔壶，初学泡茶者不建议选用此法。

茶杯

茶杯是用来盛装茶汤的用具，茶汤从茶壶倒出，进入茶杯，之后可细细品饮。茶杯的常见材质有瓷、紫砂、玻璃等，用玻璃杯泡茶，可以观赏茶汤的颜色和优美的茶舞。

茶杯分为大杯和小杯两种：大杯可直接用于泡茶和品茶，常用来冲泡细嫩名茶；小杯又叫品茗杯，用于品饮乌龙茶，常与闻香杯搭配使用。

闻香杯和品茗杯

闻香杯用来嗅闻茶香，形状细细高高，可聚拢茶香。品茗杯用来品尝茶汤滋味，比闻香杯身矮口阔，方便品饮。一般闻香杯和品茗杯两种茶具花色相同，成套使用，常见材质有陶瓷和玻璃。

闻香杯的使用方法

茶泡好后先将茶汤倒入闻香杯，马上靠近闻香，然后将茶汤倒入品茗杯。

品茗杯的使用方法

右手持杯，食指和拇指捏住杯沿，其他三个手指托住杯底，细品香茗。

闻香杯和品茗杯

闻香杯和品茗杯

杯托

杯托放在茶杯下边，用于放置茶杯。茶席上茶杯和杯托组合使用，有杯就一定要有托，两者缺一不可。杯托的材质多样，常见的有竹木、陶瓷和金属等。形状有方形、圆形、椭圆形和花形等。

选择杯托的方法

选择杯托，首先要看个人喜好，其次要注意与其他茶具的搭配。紫砂杯托最好配紫砂杯，瓷杯托尽量配瓷杯，木质、金属材质的杯托比较没有局限性，可以配任何质地的茶杯。另外，既有闻香杯又有品茗杯时，要选择长方形杯托；只有品茗杯时，要选择单杯圆形或方形杯托。

使用杯托的注意事项

如果是陶瓷杯托，应尽量轻拿轻放，避免碰碎；相较之下，木杯托和金属杯托就比较安全。杯托使用完毕后要及时清洗，保持干净、整洁。

杯托

盖碗

盖碗

盖碗，又称盖杯，也称“三才碗”“三才杯”，盖为天、托为地、碗为人，暗含“天地人和”之意。盖碗样式很多，质地以瓷质为主，也有紫砂和玻璃质地的。瓷盖碗以江西景德镇出产的最为著名。盖碗从清代雍正年间开始盛行，观色、闻香、品味、观形效果俱佳，可泡茶也可品茶，堪称泡饮利器。鲁迅先生在《喝茶》中曾写道：“喝好茶，是要用盖碗的。于是用盖碗。果然，泡了之后，色清而味甘，微香而小苦，确是好茶叶。”可见爱茶者对盖碗的喜爱。

选择盖碗的方法

选择盖碗时，除考虑个人喜好外，男士一般选择大一点的，持拿起来比较舒服；女士则应选择中小型的，使用起来比较顺手。如果用盖碗做泡茶器皿，最好选用稍大的。另外，还要注意盖碗碗口的外翻程度，外翻越大越不容易烫手，越容易拿取。

盖碗

盖碗的使用方法

使用盖碗时要注意持拿方法，稍有大意就容易烫手。斟倒茶汤时，食指扶在盖钮上，拇指和中指扣住杯身左右的边缘，杯盖斜放，和杯身之间留有缝隙，然后进行倾斜斟倒。要注意注水不宜过满，以七成为宜，过满很容易烫手。

用盖碗品茶时，男女的动作和气度略有不同：女士饮茶讲究轻柔静美，左手端起盖碗，右手缓缓揭盖闻香，随后观赏汤色，用杯盖轻轻拨去茶末后细品香茗；男士饮茶讲究气度豪放，潇洒自如，左手持杯托，右手揭盖闻香，观赏汤色，用杯盖拨去茶末，提杯品茗。

壶承

壶承是泡茶时用来放置茶壶的器具，可用来承接温壶、泡茶时的废水，避免水弄湿桌面，一般与水盂搭配使用。壶承功能类似于茶船，但是比茶船体积小。一般饮茶人数较少或泡茶场地较小时，用壶承泡茶更加轻便。壶承的材质很多，陶瓷、竹木、金属的均有。选购时，壶承的造型、材质与茶壶配套即可。壶承的形状一般为圆形，有单层和双层两种。无论哪种材质的壶承，泡茶时都最好在壶底垫一个壶垫，避免茶壶和壶承之间相互磨损。

瓷壶承　　木壶承

锡壶承

水盂

水盂用来盛放废水及茶渣，多与壶承搭配使用。在选择水盂时，要注意其质地、样式应与其他茶具相配。水盂使用完毕后，也要及时清理。

水盂

茶船

茶船是用来放置茶壶、茶杯、茶趣以及茶食等的浅底器皿。

茶船的样式

①在形状上，主要为方形、圆形、扇形或不规则形状。

②在盛水方式上，茶船有两种：一种是双层茶船，上面是一个托盘，下面是一个茶盘，上面的托盘可以取下，废水通过茶船上层的孔

道流到下面的茶盘里，等茶盘里的水满了就倒掉；另外一种是下面没有茶盘的单层茶船，需要接一根软管，管的一端连通茶船，另一端要放一个废水桶，茶船里的废水经过凹槽汇到出口处，再经软管流入废水桶。

③在材质上，金属、竹木、陶瓷等材质都有，其中金属茶盘最为耐用，竹茶盘最为清简。

使用茶船的注意事项

使用双层茶船时，要随时注意废水的排出量，如果饮茶的人多，用的茶船较小，应及时倾倒废水，以免废水溢出。使用单层茶船时，需随时注意茶船的出水孔是否通畅，应随时清出茶渣，出水不畅时要调整软管，并注意清理废水桶。无论使用哪种茶船，每次使用完毕，除了要清洗茶具，还要除净废水、洗净茶船。如长时间不清洗，茶船会发霉，木质茶船还可能开裂。

可排水茶船

选购茶船的方法

选择茶船时，首先要考虑自己的需要。茶船有2～4人用的小茶船，也有4～6人或8人以上使用的大茶船，应根据家中茶室的大小及喝茶人数的多少来进行选择和购买。其次要考虑茶船的使用寿命和茶船材质的特殊性，比如木质茶船可能开裂的问题、石质茶船质地坚硬的情况等。还需注意，茶船上漏水的孔大小要适当，以便废水及时排出。

各种茶船

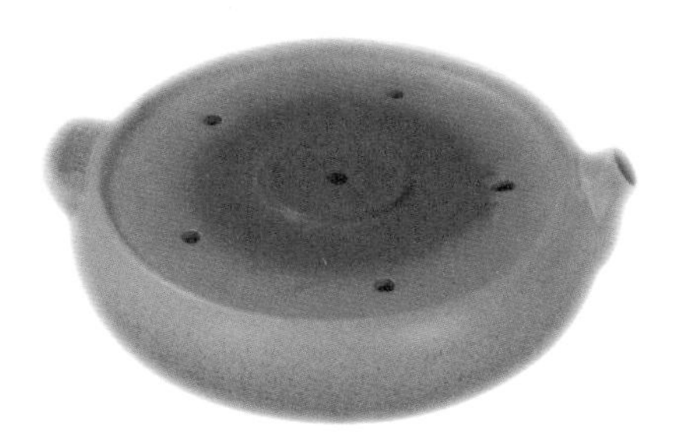

各种茶船

公道杯

公道杯，又叫公杯、匀杯、茶盅，无论冲泡什么茶，公道杯都是必不可少的茶具之一。公道杯用来盛放泡好的茶汤，起到中和、均匀茶汤的作用。公道杯的质地有陶瓷、玻璃等，有的公道杯带手柄，有的不带手柄。少数公道杯自带茶滤网。

带茶滤网的公道杯

不带茶滤网的公道杯

选择公道杯的方法

挑选公道杯时主要看它的断水功能，断水时不要拖泥带水，要随断随停。如果选择紫砂质地的公道杯，尽量选择里面上白色釉的，这样可以更清晰地欣赏茶汤的颜色。现在，越来越多的人喜欢使用玻璃公道杯，主要是因为能够清楚、准确地看到茶汤的颜色。此外，公道杯应与茶壶和茶杯的形状、材质、颜色相配。

公道杯的使用方法

公道杯的使用方法很简单，只要手持舒适又方便斟倒就可以了。

茶滤网

茶滤网放在公道杯上，与公道杯配套使用，主要用途是过滤茶渣。茶滤网的漏斗部分有陶瓷的、不锈钢的和玻璃的，还有用竹木、葫芦制成的；过茶滤网部分有金属的、棉麻的和纤维的。

茶滤网和公道杯

茶滤网和公道杯

选择茶滤网的方法

茶滤网可根据个人喜好选择，并与公道杯相配套。

使用茶滤网的注意事项

茶滤网使用完毕，要及时用小毛刷将滤网上的茶垢清理干净并晾干，这样可以保证茶汤过滤得更顺畅。

辅助用具有讲究

茶道六君子

茶道六君子是泡茶时必不可少的辅助用具，包括茶则、茶匙、茶夹、茶漏、茶针和茶筒，多为竹木质地。

茶道六君子用途如下：茶则用来盛取茶叶；茶匙协助茶则将茶叶拨至泡茶器中；茶夹用来代替手清洗茶杯，并将茶渣从泡茶器皿中取出；茶漏可扩大壶口的面积，防止茶汤外溢；茶针用来疏通壶嘴；茶筒用来收纳茶则、茶匙、茶夹、茶漏和茶针。

使用茶道具时要注意保持干爽、洁净，手拿用具时不要碰到用具接触茶叶的部分。摆放时也要注意，不要妨碍泡茶。

茶仓

茶仓即茶叶罐，用来盛装、储存茶叶。常见的茶仓有陶瓷、铁、锡、纸以及搪瓷等材质。

因为茶叶有易吸味、怕潮、怕光和易变味的特点，故挑选茶仓时首先要看它的密封性，其次是注意有无异味、是否不透光。各种材质的茶仓中，锡罐的密封性和防异味的效果最好；铁罐密封性不错，但隔热效果较差；陶罐透气性好；瓷罐密封性稍差，但外形美观；纸罐具有一定的透气性和防潮性，适合短期存放茶叶。

选择茶仓时，还应考虑茶叶的特点。如普洱茶适合用陶罐存放；安溪铁观音、武夷岩茶适合用瓷罐或锡罐存放；红茶适合用紫砂罐或瓷罐存放。不同的茶叶最好用不同的茶仓来盛装，并注明茶叶的名称及购买日期，方便日后品饮。

■ 茶荷

茶荷用来欣赏干茶，材质有陶瓷、玉石等。选择茶荷时，除了要注意外观以外，还要注意无论哪种质地的茶荷，内侧都最好是白色，方便观赏干茶的颜色和形状。

■ 茶巾

茶巾在整个泡茶过程中用来擦拭茶具上的水渍、茶渍，以保持泡茶区域的干净、整洁。茶巾一般为棉麻质地，应具有吸水性好、颜色素雅、能与茶具相配的特点。

茶巾使用完毕要清洗、晾干。当茶具不用时，还可将茶巾盖在上面，以免灰尘落在茶具上。

■ 茶刀

茶刀又叫普洱刀，是用来撬取紧压茶的专用工具，有牛角、不锈钢等材质。茶刀有刀状的和针状的，针状的适用于压得比较紧的茶叶，刀状的适合普通的紧压茶。

撬取茶饼时，先将茶刀插进茶饼中，慢慢向上撬起，再用手按住茶叶轻轻放在茶荷里。针状的茶刀比较锋利，撬取茶叶时要避免弄伤手。

煮水器

现在常用的煮水器有随手泡和煮水壶。煮水器有不锈钢、铁、陶和耐高温玻璃等材质，烧水的热源有酒精、电热、炭热等。目前，电热壶比较常见，使用方便快捷。

煮水壶

铁壶

铁壶是常用的煮水器，以生铁为原料，用传统工艺铸造而成。铁壶在使用过程中可经常用布擦拭外表，让铁质的光泽渐渐显现。铁壶使用后必须保持干燥，注意壶内没有装水的情况下不可干烧。铁壶为铸铁壶，若从高处落下会破裂，使用时务必小心。

铁壶

贮水器

若用自来水泡茶，应准备一个贮水器，接水后贮水一天，让氯气挥发，令水质软化。贮水器以紫砂罐、陶罐、银瓶为好。

废水桶

废水桶用来贮存泡茶过程中的废水，通过一根塑料软管与茶船相连，有不锈钢、塑料等材质。每次泡茶后要及时清理废水桶，保持废水桶的干净、整洁。

茶具的材质多样，常见的有陶茶具、瓷茶具、玻璃茶具、竹木茶具、金属茶具、石茶具、紫砂茶具。不同材质的茶具特点不同，适宜冲泡的茶类也不同。

茶具材质有讲究

陶茶具

泥土成坯烧制成的器具被称为陶器。陶器是新石器时代的重要发明，最初是粗糙的土陶，后来演变为坚实的硬陶，再发展为表面敷釉的釉陶，制陶技术由低级发展到高级。我国有安徽的阜阳陶、广东的石湾陶、山东的博山陶等许许多多的地方陶种。

陶茶具质朴、古拙，其中最负盛名的是江苏宜兴的陶茶具。宜兴陶由陶器发展而成，但是又不同于一般的陶器。宜兴陶茶具从明代起大为流行。除宜兴陶茶具外，广西坭兴陶茶具、广东潮汕红泥茶具也非常有名。

陶茶具

陶壶与陶壶承

陶茶具

陶茶具种类很多，包括陶煮水器、陶茶壶、陶茶杯、陶茶仓等。

陶茶仓

陶茶杯

陶盖碗

陶煮水器

陶茶具

瓷茶具

我国的瓷器历史源远流长，商代出现原始青瓷，东汉时期有了真正的瓷器，唐代青瓷和白瓷并立，宋元时期黑瓷盛行，明清时期景德镇瓷器异彩纷呈。经历了历朝历代的发展与壮大，到现在，我国瓷器已发展到极高水平，白瓷、青瓷、黑瓷、粉彩瓷、颜色釉瓷、珐琅瓷、青花瓷等门类齐全，品类丰富，工艺精湛。

瓷茶具是以长石、高岭土、石英为原料烧制而成的饮茶器具。瓷茶具烧制温度一般为1300℃左右，外表上釉或不上釉，质地坚硬致密，表面光洁，薄者呈半透明状，敲击时声音清脆响亮，吸水率低。

瓷茶具

瓷茶具有杯、托、壶、匙等，以景德镇出产的瓷茶具最为有名。景德镇四大名瓷为青花瓷、玲珑瓷、粉彩瓷和颜色釉瓷。

自古以来，瓷茶具在茶具的世界里都占据着最重要的地位。瓷茶具本身就是艺术品，一套精致的瓷茶具能使人心旷神怡。瓷器材质致密，用瓷茶具泡茶既不夺茶香，又无熟汤味，能较长时间保持茶的色、香、味，且只要用后洗净、不磕碰，瓷茶具使用几十年仍光洁如新。

瓷茶具的种类

白瓷茶具

白瓷早在唐代就有“假玉石”之称。有“瓷都”之称的景德镇在北宋时生产的白瓷，质薄光润，白里泛青，雅致悦目，并有影青刻花、印花和褐色点彩装饰。

白瓷茶具坯质致密透明，色泽洁白，能正确反映茶汤颜色，传热、保温性能适中，加之色彩缤纷，造型各异，堪称饮茶器具中的珍品。

早在唐代，河北邢窑生产的白瓷茶具已“天下无贵贱通用之”，诗人白居易还作诗盛赞四川大邑生产的白瓷茶碗。元代，江西景德镇出产的白瓷茶具已远销国外。现在，白瓷茶具品质更佳，适合冲泡各类茶叶。

白瓷茶具

白瓷茶杯

白瓷的著名品种有以下几种：

①德化白瓷。始制于宋元，产自福建德化窑，有“中国白”的美称。

②定窑白瓷。始制于唐代，驰名于宋代，产自河北曲阳的定窑。

③邢窑白瓷。始制于隋唐，有“天下无贵贱通用之”的美誉。邢窑是最著名的白瓷窑场，因地处河北邢台而得名。

④辽白瓷。始制于辽代，产地以东北三省为主，具有鲜明的地方特色及独特的民族特色。

⑤景德镇白瓷。产自江西景德镇，素有“白如玉，明如镜，薄如纸，声如磬”之说。

另外，湖南醴陵、河北唐山、安徽祁门的白瓷茶具也各具特点。

白瓷茶壶

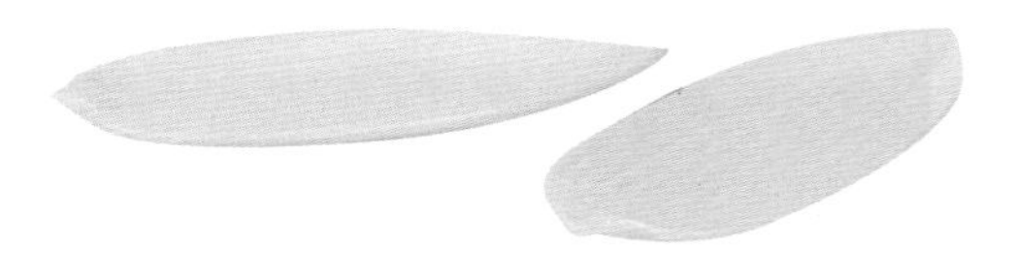

白瓷杯托

青瓷茶具

青瓷是表面施有青色釉的瓷器。青瓷器具瓷质细腻，线条明快，造型端庄，色泽纯洁。唐代诗人陆龟蒙曾以“九秋风露越窑开，夺得千峰翠色来”的名句赞美青瓷。

晋代，青瓷茶具开始发展，当时青瓷的主产地是浙江。六朝以后，许多青瓷茶具开始拥有莲花文饰。宋代，瓷窑竞争激烈，烧瓷技术大大提高，青瓷茶具种类不断增加，出产的茶壶、茶杯等色彩雅丽，风格各异。

青瓷茶杯

青瓷茶仓

黑瓷茶具

黑瓷是在瓷胎上施以含氧化铁等物质的釉后以高温烧制而成。黑瓷茶具始制于晚唐，盛于宋。宋代的饮茶方式为点茶，且流行斗茶，斗茶比的是茶面汤花色白均匀，因此用黑色的茶盏最为适合。

黑瓷中最有名的是建窑黑瓷，建窑黑瓷中最受欢迎的是建盏。宋代斗茶者认为建盏用来斗茶最为适宜，渐渐地，建盏开始驰名天下。建盏的特点是釉层厚，颜色有蓝黑、酱黑、灰黑等，隐有条、点纹理，古朴雅致。建盏釉面的纹理变化繁多，常见的纹理有兔毫、油滴、鹧鸪斑和曜变。

除福建建窑以外，江西吉州窑、山西榆次窑等也生产黑瓷茶盏。此外，浙江余姚、德清一带也曾出现过漆黑光亮、美观实用的黑瓷茶具，其中最流行的是鸡首壶，即茶壶的嘴呈鸡头状，日本东京国立博物馆至今还存有一件鸡首壶，名叫“天鸡壶”，被视作珍宝。

黑瓷茶盏

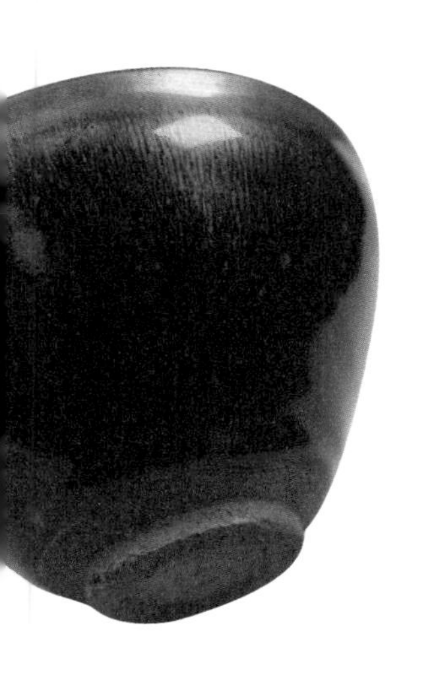

兔毫盏

兔毫

“兔毫”是指黑色的底釉中透出均匀细密的丝状条纹，如兔子身上柔软纤细的毫毛。兔毫盏是宋代建窑的代表产品之一。兔毫盏的毫纹有长短、粗细之分，颜色有金黄色、银白色、蓝色等，俗称“金兔毫”“银兔毫”“蓝兔毫”等。兔毫盏在历史上非常有名，人们常常以兔毫盏作为建盏的代名词。

油滴

有些建盏的釉面上分布着有金属光泽、大小不一的斑点，形似油滴，故而得名。油滴花纹无论是在阳光照耀下，还是在茶汤中，都宛如夜幕星辰，令人产生幽远的遐思。分布着油滴的建盏当时产量很少，至今留存下来的就更少了，因而弥足珍贵。

油滴

鹧鸪斑

有些建盏釉面的花纹形似鹧鸪鸟的斑点，称为鹧鸪斑。

曜变

“曜变”是指建盏内壁的底釉上浮现出大小不同且不规则的斑纹，这些斑纹的四周发出以蓝色为主的彩虹光芒，熠熠闪耀，色彩变幻。

乌金釉

乌金釉是黑釉中最为乌黑莹亮的一种。乌金釉的表面乌黑似漆，光洁如镜，虽无花纹为饰，但其庄重素雅之美使之独具特色。

乌金釉

天目茶盏

天目瓷是日本陶瓷爱好者对我国黑瓷的统称，“天目”与中国的天目山密切相关。在日本15世纪前后的历史文献中，“天目”与“建盏”并列其中。后来，“天目”在日本逐渐变成了一类茶盏的通称。日本的天目茶盏既包括来自中国的黑釉建盏，也包括来自朝鲜半岛的茶碗和日本本地生产的茶碗。

天目茶盏与建盏有不同之处。“天目”的概念中包含的精神、审美甚至民族心理等与建盏不同。现在，不少地方的陶瓷工艺师烧制天目茶盏，天目茶盏釉色多样。

彩瓷茶具

彩瓷也称彩绘瓷，即器物表面加以彩绘的瓷器，主要有釉下彩瓷和釉上彩瓷两大类。彩瓷茶具的花色品种很多，有青花、五彩、斗彩、粉彩、珐琅彩等，其中尤以青花瓷最引人注目。

釉上彩瓷茶具

粉彩茶杯

釉里红茶具

釉里红又名釉下红，烧制于元代的景德镇窑，是釉下彩中的著名品种。釉里红是以氧化铜为呈色剂，在白色的瓷器上绘制出各种图案及纹饰，再施加透明釉烧制而成。釉里红茶具淳朴敦厚，非常具有民族特色。釉里红常与青花结合使用，俗称青花釉里红，又称青花加紫。青花釉里红茶具呈红、蓝两色，既有青花的素雅，又有釉里红的瑰丽。

青花釉里红盖碗

五彩茶具

五彩茶具是用红、黄、绿、蓝、紫等颜色将图案绘制在瓷器的釉面上，再进行二次焙烧而成，属于釉上彩的一种。五彩并非一定需要五种颜色，但是红、黄、蓝三色是必不可少的。明代嘉靖年间的五彩是在釉下青花的基础上制成的，所制成的五彩器具洒脱豪放，色彩艳丽，被称为五彩之首。到了清代，景德镇窑的匠人对五彩制法加以改良，以釉上蓝彩代替原来的釉下青花，制成了真正意义上的釉上五彩。

斗彩茶具

斗彩又称逗彩，是指用釉下青花和釉上五彩同时装饰一件瓷器，即釉下青花色与釉上彩色同时出现，争奇斗艳，故而得名“斗彩”。

斗彩茶杯

斗彩茶具最早是明代景德镇匠人尝试用青花在白色瓷胎上勾勒出图案的轮廓，施以透明釉高温烧制后，再在青花釉中填充彩色，二次烧制而成。这样烧制而成的茶具色彩绚丽而不失端庄，深受当时皇室贵族的喜爱。

珐琅彩茶具

珐琅彩瓷器又称瓷胎画珐琅，始制于清朝，为清朝宫廷所喜爱。“珐琅”是外来语的音译名称，珐琅彩瓷器带有中西合璧的特点，在釉上彩中独具特色。珐琅彩茶具制作时先制作素胎，然后由画师进行绘画，最后二次烧制而成。

粉彩茶具

粉彩瓷器是景德镇窑烧制出的四大传统名瓷之一，出现于清代康熙年间，在乾隆时期达到兴盛。粉彩瓷器是在五彩瓷器的基础上使用低温釉上彩的工艺，先在素胎上勾勒出图案的轮廓，并在轮廓内用“玻璃白”打底，再用干净的笔轻轻地将各种颜色洗染出深浅不一的

粉彩茶具

层次，使玻璃白呈不透明的白色。粉彩茶具上绘有工笔画、写意画或装饰画，图案层次分明，颜色粉润柔和。

墨彩茶具

墨彩茶具始制于清代康熙年间，流行至民国时期。墨彩也是釉上彩的一种，颜色以黑色为主，绘制时加上红或金等颜色绘于白色釉面上，再进行二次烧制而成。墨彩茶具的图案多以山水、花鸟为主，画风受时代影响，整体素雅，浓淡相宜。

玲珑瓷茶具

玲珑瓷是景德镇四大传统名瓷之一，创制于隋唐，以镂空雕刻为基础。玲珑瓷是在薄薄的瓷胎上雕刻出有规则的、米粒状的通透花洞，然后施以透明釉烧制而成。玲珑瓷器以玲珑剔透、晶莹雅致而闻名中外。清代，工匠们把青花和玲珑工艺巧妙地结合在一起，制成了青花玲珑瓷，使之既有青花特色，又有镂空雕刻工艺特色，十分美观。

玲珑瓷茶杯

青花瓷茶具

青花瓷简称青花，是中国陶瓷珍品，景德镇四大传统名瓷之一。考古研究发现，目前最早的青花瓷为唐代烧制。元代中后期，江西景德镇窑成了烧制青花瓷的主要窑场，开始大批量烧制青花瓷。明代，景德镇窑生产的青花瓷茶具品种繁多，如茶壶、茶杯、茶仓等，质量也越来越精良，造型、纹饰、图案都达到了较高水准，成为其他瓷窑

模仿的对象。清代是景德镇窑生产青花瓷茶具的鼎盛时期，康熙时期的五彩青花使青花瓷发展到了巅峰。青花瓷茶具蓝、白两色花纹相映成趣，整体色泽淡雅，赏心悦目。青花瓷种类很多，有青花红彩、青花五彩、黄地青花、豆青釉青花、孔雀绿釉青花等。

青花瓷茶具

青花瓷茶具

中国古代著名瓷窑

中国的瓷窑几乎遍布华夏大地，有些名窑已淹没在历史长河中，有些则窑火不灭，延续至今。

中国古代著名的瓷窑有瓯窑、越窑、洪州窑、铜官窑、寿州窑、邢窑、吉州窑、建窑、钧窑、汝窑、定窑、耀州窑、龙泉窑、哥窑、官窑等。其中，钧窑、汝窑、定窑、官窑、哥窑被称为宋代五大名窑。

越窑

越窑是我国古代著名的青瓷窑，从东汉时期延续到宋代，窑址所在地古时属于越州，因此名为越窑。越窑的鼎盛时期是唐代，主要烧制的是青瓷，制成的瓷器工艺精湛，器型优美。越窑主要的器物有碗、盘、四耳罐、鸡首壶等，造型俊秀优雅，色泽温润如玉。

越窑瓷

邢窑

邢窑是唐代最著名的窑场，窑址位于河北邢台，故名邢窑。邢窑以生产白瓷为主，是我国白瓷生产的起源地，在我国陶瓷史上具有重要地位。邢窑的白瓷胎质坚硬细腻，釉色白润细滑，造型朴素大方，线条饱满流畅。

寿州窑

寿州窑是唐代著名的瓷窑之一，位于安徽淮南。寿州窑烧窑始于隋朝，发展、繁荣于唐朝，主要烧制黄釉瓷和黑釉瓷，器物有碗、盘、杯等。寿州窑烧制的瓷器白中泛黄，光润透明，美观大方。

铜官窑

铜官窑是位于湖南长沙的大型窑场，又称长沙窑，以烧制青瓷为主。铜官窑烧窑始于初唐，鼎盛于中晚唐，终于五代。铜官窑最早把铜作为着色剂应用到瓷器的装饰上，烧制出了以铜红色装饰的彩瓷，并且首创在瓷器上进行彩绘的装饰技法，铜官窑也因此成为我国唐代彩瓷的发源地。铜官窑规模较大，烧制的器物种类繁多，有壶、瓶、杯、盘、碗、灯等。

婺州窑

婺州窑是唐代名窑之一，位于浙江金华，始于汉代，盛于唐代，终于元代。婺州窑以烧制青瓷为主，颜色有豆青、草青、粉绿色等，瓷器色泽青翠柔和。婺州窑从西晋晚期开始使用红色黏土做材料，烧成的胎呈深紫色或深灰色；还曾使用白色的土烧制瓷器，使得瓷器的釉层光润柔和，釉色在青灰或青黄中微泛褐色或紫色。唐代，婺州窑创造出了乳浊釉瓷，这种瓷器釉面开裂，开裂处往往有星星点点的奶白色。此外，婺州窑还烧制黑釉瓷、褐色釉瓷、彩绘釉瓷等。

洪州窑

洪州窑位于江西丰城，是唐代著名瓷窑之一，烧窑始于东汉，终于唐末五代，以烧制青瓷为主。洪州窑烧制的青瓷釉色较淡，青中泛

黄，有时也呈褐色或酱紫色，器物造型比较丰富，有大口碗、盘口壶、双唇罐以及各种杯。洪州窑烧制的器物装饰考究，纹样新颖，造型雅致，釉色莹润。

官窑

官窑是宋代五大名窑之一，宋代官窑分为北宋官窑和南宋官窑。北宋官窑也称汴京官窑，窑址在汴京（今河南开封）附近，专门烧制宫廷使用的瓷器，器物主要有瓶、碗、盘、鼎、炉等，但是传世作品很少；南宋官窑窑址在临安（今浙江杭州），器物沿袭北宋风格，对称规整，大气高雅。官窑烧制的瓷器胎体较厚，颜色以深灰色和黑色为主，施以淡青色的釉，釉面有开片，呈冰片状，晶莹剔透，温润儒雅。

开片

开片又称冰裂纹，是瓷器釉面遍布的不规则裂纹，这些裂纹最早是在烧制过程中釉面自然开裂形成的，属于瓷器缺陷。但是这种瓷器

开片瓷

居然受到人们的青睐，逐渐地，匠人们掌握了规律，开始烧制开片瓷。主要烧制开片瓷的窑场有汝窑、官窑和哥窑。开片瓷裂纹稀疏的为大开片，裂纹细密的为小开片。开片纹路有的呈黑色，有的为黑色和金黄色纹路交织。

哥窑

哥窑为宋代五大名窑之一，但是至今没有找到哥窑的具体窑址，而且目前世界上只存有少量的哥窑瓷器。哥窑瓷的釉是失透的乳浊釉，釉面泛一层酥油光，釉色有月白、炒米黄、粉青、灰青等。哥窑瓷的釉面有网状开片，纹路多样，有鳝血纹、梅花纹、鱼子纹等，明代《格古要论》中曾有这样的描述：“哥窑纹取冰裂、鳝血为上，梅花片墨纹次之。细碎纹，纹之下也。”

哥窑瓷

钧瓷

钧窑

钧窑烧窑始于唐代，鼎盛时期在宋代，为宋代五大名窑之一。钧窑位于河南禹州，因禹州古时被称为钧州，所以瓷窑名为钧窑。钧瓷是一种最特殊的青瓷，因窑变而产生的釉色极富魅力，这些釉色都是自然天成而非人工描绘的，而且每一件钧瓷的釉色都是唯一的，故有“钧瓷无双，窑变无对”之说。

钧窑瓷器的釉色大致分为蓝、红两类，还可呈现出月白、天青、天蓝、海棠红、胭脂红、火焰红、玫瑰紫、茄色紫等窑变色彩。钧窑瓷器纹路如行云流水，变化莫测。

定窑

定窑是宋代五大名窑之一，创烧于唐代，位于河北曲阳。定窑原本是民窑，到了北宋时期，由于品质精良、色泽淡雅、纹饰秀美，定窑瓷器成为宫廷用瓷，身价大增，风靡一时。定窑瓷器产量大，多为碗、盘、瓶、盒、枕等。定窑以烧制白瓷为主，也烧制黑釉瓷、酱釉瓷、绿釉瓷、红釉瓷等，文献中记载有“黑定”“紫定”“绿定”“红定”等。

汝窑

汝窑位居宋代五大名窑之首，在宋代历史文化和我国陶瓷文化中占有重要地位，有“汝窑为魁”之说。汝窑位于河南宝丰，宝丰当时称汝州，故瓷窑名为汝窑。汝窑瓷器造型优雅大方，色泽素雅，釉面温润光滑，在我国青瓷史上具有划时代的意义。汝瓷颜色以“雨过天青云破处”似的天青色最为珍贵，此外还有粉青、豆青等。汝瓷釉厚而温润，体现了中国陶瓷工艺的精湛。

仿汝窑茶具

汝窑瓷器为何稀有珍贵

汝窑烧造时间仅20年左右，之后便如昙花一现般迅速消失了，所以存留下来的汝窑瓷器十分稀有珍贵。汝瓷素雅端庄，釉色温润，犹如青玉般的质感满足了人们对陶瓷器物“类玉”的审美需求。汝窑瓷器是王公贵族眼中的无价之宝。清代乾隆皇帝就视汝窑瓷器如珍宝，为表达他的喜爱，他曾在自己珍视的汝窑瓷器上鉴刻诗文。

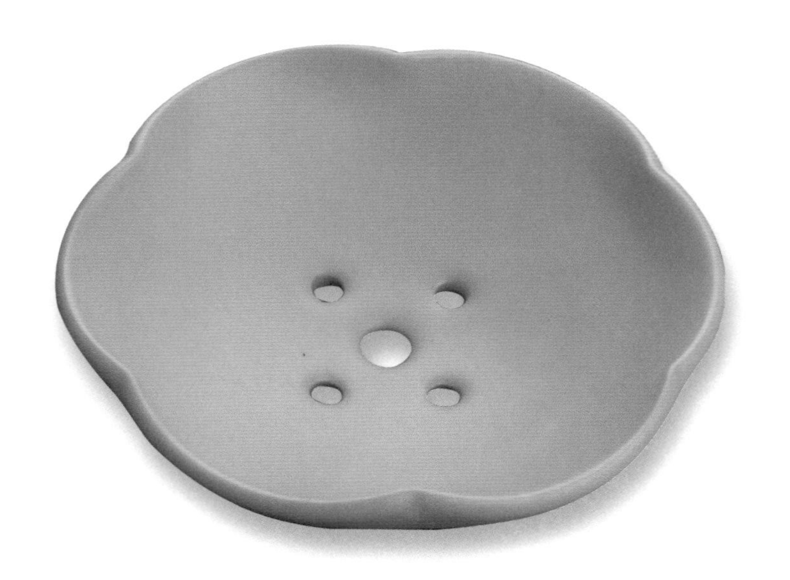

仿汝窑茶具

建窑

建窑是宋代著名的瓷窑之一，始烧造于晚唐五代时期，宋代是发展的鼎盛时期，主要烧制黑瓷碗，俗称建盏。建盏造型古朴简单，碗口有敞口、束口、撇口等。建窑黑瓷釉色变幻无穷，黑色底釉犹如夜空、深潭一样深邃，釉面光亮但不刺眼，且在黑釉中有各种神秘的斑纹，散发出端庄的美。建盏的主要花色有乌金釉、兔毫、油滴、鹧鸪斑、曜变等。

建盏

龙泉窑青瓷

龙泉窑

龙泉窑是宋代著名的瓷窑之一，位于浙江龙泉，烧窑始于五代，传承了越窑的工艺，以烧制青瓷为主，在南宋时期达到鼎盛，是中国陶瓷史上存在时间最久的瓷窑，生产瓷器的历史长达1600多年，清代停烧。南宋龙泉窑瓷器胎色灰黑，胎体较厚，釉层丰厚，釉色柔和淡雅，釉色以粉青、梅子青最具特色。龙泉窑主要生产的瓷器有碗、盘、杯、壶、瓶、罐等。

景德镇窑

景德镇窑是我国古代著名瓷窑之一，位于江西景德镇。景德镇窑烧制瓷器始于唐代，具有上千年的历史，最著名的四大传统名瓷为青花瓷、玲珑瓷、粉彩瓷和颜色釉

景德镇窑茶壶

瓷。景德镇窑烧制的器物以食具、酒具、茶具为主，如碗、盘、盒、瓶、壶、罐等；装饰工艺有刻花、划花、印花等；纹饰有龙纹、凤纹、海水纹、花纹等。景德镇窑瓷器釉质清澈如水，莹润如玉，天下闻名。景德镇及景德镇瓷器在制瓷业至今仍具有重要地位。

■ 古代瓷茶具的保养与收藏

古代茶具存留至今非常不易，这些经典茶具既记录了我国饮茶的发展历程，又具有当时的时代特征，尤其是古代的紫砂茶具和陶瓷茶具，深受收藏家和爱茶人的青睐。如果有缘得到一件心爱的古代瓷茶具，在保养与收藏中应注意以下几点：

①收藏古代瓷茶具时，最好的方法就是将茶具放置于定做的盒子里，盒子里垫上海绵或泡沫垫。尽量不要将两件瓷茶具放在一起，以免相互磕碰。如果作为陈设摆放，要放在固定的木质博古架上，为了保险，可以用透明的尼龙丝固定。

②把玩瓷茶具时，双手要保持洁净、干燥，不佩戴饰物，因为硬物可能划伤茶具。

③把玩瓷茶壶时一定要注意，壶身、壶盖要分别拿好，不要将壶盖和壶身同时拿起或放下，以防不慎滑落。

④平时保养古代瓷茶具时，可用潮布轻轻擦拭茶具表面，或用柔软的毛刷轻刷瓷器纹饰的缝隙，不要用水直接冲洗，因古瓷器年代已久，清洗可能造成损伤。

玻璃茶具

玻璃，古人称为琉璃，无色透明或有色半透明。玻璃茶具色泽鲜艳，光彩照人。我国的玻璃制作起步较早，但直到唐代，随着中外文化的频繁交流，西方玻璃器具不断传入，我国才开始烧制玻璃茶具。陕西扶风法门寺地宫出土的由唐僖宗供奉的素面圈足淡黄色玻璃茶盏和素面淡黄色玻璃杯托是当时的珍稀之物。

玻璃茶具的特点

现代玻璃茶具质地纯净，光泽夺目。用玻璃茶具泡茶，茶汤色泽鲜艳，茶芽细嫩柔软，整个冲泡过程中茶叶上下舞动，叶片逐渐舒展，这些都透过玻璃清晰地展现在我们眼前，特别是冲泡名优绿茶，晶莹剔透的玻璃器具中轻雾飘渺，茶汤澄清碧绿，芽叶朵朵，亭亭玉立，美不胜收。玻璃茶具的缺点也很明显，就是容易破碎，传热快，易烫手。

如何选购玻璃茶具

玻璃茶具有很多种，如水晶玻璃茶具、无色玻璃茶具、玉色玻璃茶具、金星玻璃茶具、茶色玻璃茶具、印花玻璃茶具、雕花玻璃茶具等。

玻璃茶具表面看起来都是通透的，但实际品质还是有很大区别的。在挑选玻璃茶具时应注意玻璃薄厚是否均匀，玻璃中有无气泡、波纹。还应注意玻璃茶具设计是否合理，是否便于使用。

玻璃茶具

竹木茶具

隋唐以前，我国民间多用竹木器具饮茶。现在，竹、木最常被制成茶道具辅助泡茶。竹木茶具制作方便，物美价廉，对茶无污染，对人体又无害，因此一直深受人们的欢迎。现在，竹木茶具因其天然的花纹和自然清新的颜色，仍令人爱不释手。

竹木茶具

金属茶具

金属是我国古老的日用器具材质之一，我国历史上有用金、银、铜、铁、锡等金属制作的茶具。随着茶类的创新，饮茶方法的改变，以及陶瓷茶具的发展，金属茶具逐渐减少，用锡、铁、铜等制作的煮水器、泡饮具已不常见，但金属贮茶器具，如锡瓶、锡罐，以及铜质建水、杯托等却屡见不鲜。

金银茶具

金银茶具造价昂贵，古人喜欢使用金银茶具是因为他们将金银视为身份和财富的象征。

现在，仍有人使用金银质地的茶壶、公道杯、茶杯用来泡茶、分茶、品茶，这是因为他们认为金银器对茶汤口感有一定影响。金银茶具以特有的色泽和质感丰富了茶桌，增强了饮茶的仪式感。

锡茶仓

银壶

■ 锡茶具

锡是一种质地较软的金属，熔点低，可塑性强，能制成多种款式的器物，如酒具、烛台、茶具、盛器等。在古代，一些水质不好的地方常在井底放上锡板，进行水质净化。

由于锡器具有较好的防潮性和避光性，能使茶叶长久保持鲜美，因此用锡制成的茶仓至今仍是最好的贮茶器。另外还有用锡制成的杯托、煮水壶等茶具，尤其是锡杯托，器型优美古雅，深受欢迎。

锡杯托

铜茶具

铜是人类很早就开始认识和使用的金属。早在三四千年前，我国铜的冶炼和制作工艺就已达到相当高的水平。在我国古代，铜器曾长期作为餐饮器具使用，并作为地位的象征。铜易生锈，有损茶味，因此现在除杯托和建水以外很少被用来制作茶具。

铜茶则

铁茶具

铁茶具一般以生铁为原料，前期采用传统铸造工艺，后期通过手工打磨成型。铁茶具中最常见的是铁壶。铁壶具有很好的导热性和保温性，非常适合冲煮各式茶饮。用铁壶煮茶，可有效去除茶中的异味，提升口感。

铁壶

石茶具

石茶具是用石头制成的茶具。石茶具一般有天然纹理，色泽美丽，有一定的艺术价值。石茶具中最常见的是茶盘，此外还有少量的壶和杯。

石茶具一般根据原料命名，如乌金石茶具、砚石茶具、大理石茶具、磬石茶具、木鱼石茶具等。

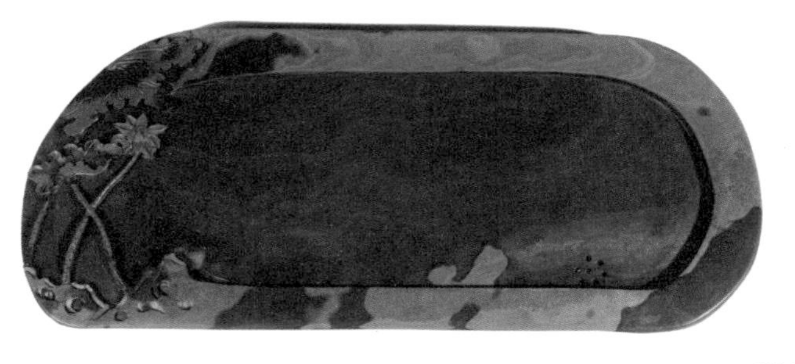

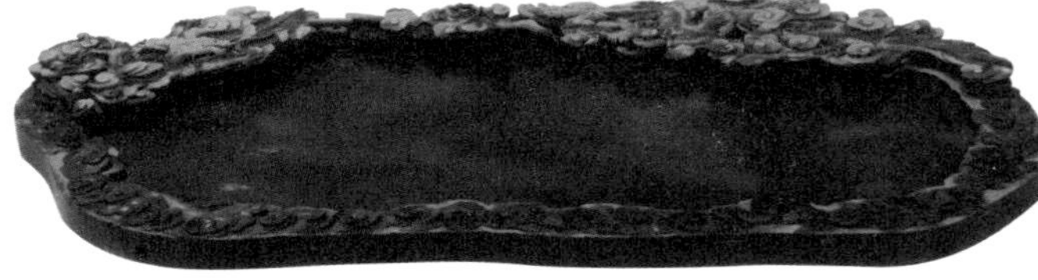

砚石茶盘

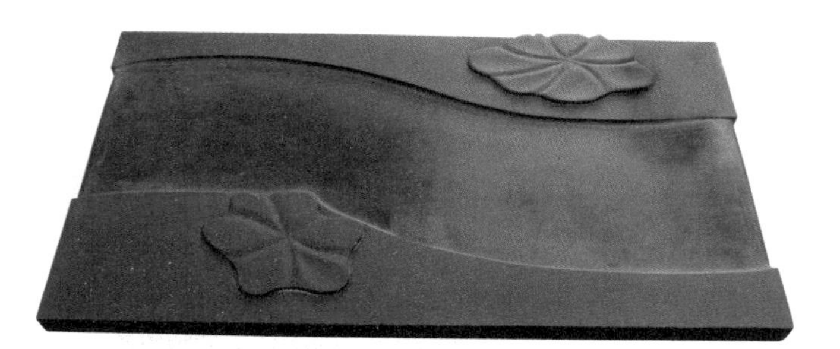

乌金石茶盘

玉石茶具

石美为玉，玉坚韧而细腻，纹理、色泽美丽，有翡翠、和田玉、岫玉、玛瑙等。玉石是一种纯天然的材质，自古以来用玉石制成的茶具都是高档器皿，古时多为宫廷及贵族使用。玉石茶具经过精雕细琢，每一件都极为难得，可以见到的玉石茶具有玉石茶杯、玉石茶壶、玉石茶荷等。

玉石茶荷

玉石茶杯

木鱼石茶具

木鱼石是一种有美丽花纹的石头，产于山东济南，经雕琢可做成水盂、砚台和茶具等器物。木鱼石茶具用整块木鱼石石料制作而成，器物有茶壶、茶杯、茶仓等。

木鱼石中含有多种有益健康的微量元素，用木鱼石茶具泡茶可优化水质，有助于调节人体的新陈代谢，对心血管有保健作用。

选购木鱼石茶具时应观察茶具的颜色，好的木鱼石颜色较深，呈明亮的紫檀色。

紫砂茶具

茶具中最负盛名的是江苏宜兴的紫砂茶具，它色泽丰富，是公认的最适宜泡茶的器具。紫砂是陶，又不同于一般陶器，它内外无釉，用宜兴当地的矿石加工而成。紫砂茶具始于宋代，盛于明清，流传至今。

■ 紫砂茶具的特点

①紫砂茶具坯质致密坚硬，无吸水性，韵长音粗；

②紫砂茶具耐寒耐热，泡茶既不夺茶香又无熟汤味，能保茶的真香；

③紫砂茶具传热缓慢，用来泡茶不会烫手；

④紫砂茶具适应性强，即使在寒冬腊月注入沸水，也不会因温度急变而胀裂；

⑤紫砂茶具便于清洗。

■ 紫砂壶

紫砂茶具中最有代表性的当数紫砂壶。

紫砂壶的基本构造

紫砂壶由壶身、壶流、壶口、壶盖和壶把组成。壶身是指壶的身体，包括壶肩和壶底，主要用于储水；壶流是指茶从壶身流出来的部

分，俗称壶嘴；壶口是壶肩上用于置茶及冲水的开口；壶盖是盖在壶口上的盖子，用于密合；壶把是壶身的把手，用于持拿茶壶。

紫砂壶的持拿方法

①小壶的持壶方法：单手持壶，中指勾进壶把，拇指捏住壶把，也可以中指和拇指一起捏住壶把，无名指抵住壶把底部，食指轻搭在壶钮上，不要按住气孔，否则水无法流出。

②大壶的持壶方法：双手持壶，一般右手将壶提起，左手扶壶钮，斟茶时两手协调用力。

单手持壶

紫砂壶的主要壶型

按照制壶艺人的说法，紫砂器分为光器和花器两种，还有少量器物介于光器和花器之间，兼具光器与花器的造型特点。

光器，也称素器或光货。光器紫砂壶是紫砂壶的主流器型，壶身光滑，不加雕饰，造型简约，这与茶文化崇尚简洁朴素有关，也与中国文人雅士的精神追求有关。光器紫砂壶造型或丰满，或清秀，或粗犷，或刚毅，令人百看不厌。光器紫砂壶中最常见的器型有石瓢壶、仿古壶、掇只壶、秦权壶、水平壶、井栏壶、西施壶、提梁壶、牛盖洋桶、扁线圆壶、筋纹器等。

花器，也称塑器或花货。花器紫砂壶是对自然界中的自然形态和现实生活中的各种素材加以提炼，设计制作的紫砂壶。花器讲究精神，讲究提炼，讲究变化，制壶艺人必须有丰富的艺术想象力。一把好的花器紫砂壶必须制作工艺好、艺术构思好、烧制效果好、日用功能好。花器紫砂壶中最常见的器型有鱼化龙壶、三友壶、供春壶、梨形壶等，其中以供春壶、鱼化龙壶最为出神入化。

光器紫砂壶

光器紫砂壶

曼生壶

陈鸿寿，字曼生，清代书画家、篆刻家，酷爱紫砂壶。传世曼生壶，无论是诗文，还是金石、砖瓦文字，都写刻在壶的腹部或肩部，而且写刻满肩、满腹，占据空间较大，非常显眼。署款“曼生”“曼生铭”“阿曼陀室”或“曼生为七芗题”等，也刻在壶身最为引人注目的位置。

曼生壶中最有名的是曼生十八式。曼生十八式是由陈鸿寿设计，紫砂艺人杨彭年、杨凤年兄妹亲手制作的十八种经典紫砂壶款式，因陈鸿寿字曼生，故名“曼生十八式”。

陈曼生把金石、书画、诗词与造壶工艺融为一体，开创了书画、篆刻与壶艺完美结合的先河，创造了独特的壶艺风格，“壶随字贵，字依壶传”，曼生壶在壶史上留下了重要的一笔。

石瓢壶

石瓢壶壶身为上窄下宽的梯形，壶流为直筒形，出水流畅，把柄有力，平盖桥钮，壶的造型饱满简洁，端庄大气。石瓢壶为“曼生十八式”之一，格调高雅，是紫砂壶中经典的壶型之一。

曼生石瓢

子冶石瓢

高石瓢

仿古壶

仿古壶流行于清末民初，壶身线条流畅，壶腹饱满，因壶身呈鼓形，又称“仿鼓”，充分地体现了紫砂壶“拙”的韵味。

仿古壶

掇只壶

掇只壶是清代道光年间紫砂大师邵大亨的杰作。掇只壶是紫砂壶中特有的一种壶型，造型像宜兴当地使用的一种容器“掇子”，故得此名。掇只壶浑圆规整，气韵磅礴，丰满而不失含蓄，大度而不失精妙。百余年来，掇只壶既是一代代制壶艺人学习、模仿的对象，也是艺人们考核自身手工水平的标准器物。

掇只壶

秦权壶

权即古代的秤砣。秦权壶是秤砣形壶，短流，嵌盖微鼓，桥钮，整体造型简洁古朴，似一颗四平八稳的权，创制的灵感源自秦代的古权。秦权壶平正泰然，气度沉稳，是比较受欢迎的传统壶型之一。

秦权壶

水平壶

嘴尖、肚大、耳偏高的水平壶造型简练，其基本型制可追溯到明代，尤其是直流，在明代万历时期至清代初期最为常见。水平壶的壶流和壶把的用泥重量相等，制成后壶能漂浮在水面上保持水平而不倾倒，这就是水平壶名称的由来。水平壶的直流自上而下由粗到细，比例匀称；壶把也是自上而下由粗渐细，弧度适当。这些细节非常考验制壶人的审美眼光。水平壶中最著名的是惠孟臣制作的水平壶。潮汕人将水平壶称为“孟臣壶”。

水平壶

井栏壶

井栏壶的创作灵感源自井栏。井栏壶身形如井栏，壶盖为内嵌式，壶底大而稳重，壶身、壶流和把柄浑然一体，古朴自然，简洁明快，壶身刻有铭文，更显雅致。

井栏壶

西施壶

西施壶丰满圆润，给人丰富的想象空间。西施壶把柄上细下粗，与其他壶把柄上粗下细不同，好像把柄安倒了，故又名“倒把西施壶”。

西施壶

提梁壶

光器紫砂壶中，多款提梁壶可谓经典，其中最具代表性的要数清代邵旭茂制作的提梁壶。提梁壶讲究的是提梁的粗细、弧度都需根据壶身重量及容量大小精心设计。提梁粗则不美，细则不便使用，提梁弧度要与壶身相得益彰。提梁壶在烧制过程中要注意提梁泥坯的变化，工艺难度极大。为了使用方便和降低工艺难度，宜兴壶匠人创制了软耳提梁壶。

提梁壶

牛盖洋桶

牛盖洋桶约出现于清末。宜兴紫砂匠人参照西方人使用的桶的形状制作壶身，在壶盖上挖出两个类似牛鼻的孔眼，以“牛盖”命名，即为牛盖洋桶。牛盖洋桶壶身高，壶肩处有双耳，配以铜、锡所制的提梁，最适宜冲泡红茶。宜兴出产红茶，本地人家家户户都喜爱喝红茶，于是牛盖洋桶就成了宜兴当地寻常百姓人家最常见的一种茶壶。

扁线圆壶

扁线圆壶壶身扁中见方，方圆和谐，气势高古，情趣动人，壶流的弯曲度与长度都体现着制壶艺人的审美眼光。20世纪60年代，宜兴紫砂一厂大量生产的梅扁壶就是在扁线圆壶的基础上变化而来，是介于光器和花器之间的器型。

筋纹器

筋纹器是光器紫砂壶中的特殊品种，一般为圆壶，造型特点为以纵向条纹把圆形壶身分成若干等份。筋纹紫砂壶造型大多根据自然界中的某些花、果的形状进行艺术再创造而来，如仿照菱花、水仙、菊花的花瓣或者瓜类外形，在此基础上进行提炼加工，制成筋纹壶。

朱泥菊瓣壶

鱼化龙壶

《宜兴县志》中提到，有一把壶“一壶千金，几不可得”。千金之壶，可谓价值连城，这把壶就是一把掇只紫砂壶，出自宜兴制壶大师邵大亨之手。邵大亨除了创制掇只壶以外，还创制了“鱼化龙”“龙头一捆竹”等名壶款式，其创意与做工均可谓超凡脱俗。

鱼化龙壶是传统的花器壶型，取鱼跃龙门之意。鱼化龙壶多以祥云为钮，壶盖上有可伸缩的龙头，壶身一面为波涛中半隐半现的龙身、龙爪，另一面为跃起的鲤鱼。鱼化龙壶因制壶名家的不同而特点各异，如邵大亨的龙不见爪，黄玉麟、俞国良的龙爪清晰可见；邵大亨用堆浪钮，黄俞唐用云形钮等。

鱼化龙壶

龙头一捆竹

三友壶

“三友”即“岁寒三友”。三友壶仿照松、竹、梅枝干的自然形态制成，壶身如树桩，梅花的枝干、花朵和竹节、竹叶装饰其中，壶钮、壶流、把柄造型为树桩、竹节等，意趣盎然。

三友壶

供春壶

供春壶又名树瘿壶，是明代正德年间江苏宜兴人供春创制的。据说，宜兴进士吴颐山的书童供春随主人住进金沙寺，他利用闲暇时间向金山寺的老和尚学习制壶。后来，供春用老和尚制壶后剩余的陶泥，模仿金沙寺旁老银杏树的树瘿制作了一把壶，这就是第一把供春壶。供春壶看似随意，但要制作得形神兼备而又富于美感却非常困难。供春壶因此成为花器中的经典壶型。

供春壶

梨形壶

梨形壶是惠孟臣的代表壶型。惠孟臣是江苏宜兴人，约生活于明代天启年间到清代康熙年间。惠孟臣以制小壶见长，制作工艺精妙，壶身有圆有扁，尤以梨形壶最具影响力。

高梨壶

矮梨壶

紫砂壶的泥料

紫砂壶是对宜兴泥壶的通称，但紫色不是宜兴泥料的唯一颜色，用紫砂壶来称呼宜兴泥壶有些不够精确，但几百年来的称谓早已成为约定俗成，因此现在仍用紫砂壶来称呼宜兴泥壶。

宜兴紫砂壶在茶具中拥有极高的知名度，其原因除了宜兴紫砂壶造型丰富、装饰典雅、做工考究之外，更重要的是它的材料，即宜兴蜀山的陶泥。宜兴的陶泥与中国其他地区的陶泥迥然不同，制作宜兴壶所用的陶泥是经过风化的矿石，矿石开采出来后放置于户外，经过日晒雨淋，矿石很快酥松如土，再对矿石进行粉碎、筛选、加工，之后才能够用来制壶。宜兴壶泥料中除了云母外，还有较多的金属氧化物，如氧化铁、氧化铝等，有时泥料中也会含有微量的金、银。

清水泥

紫泥

本山绿泥

朱泥

各色紫砂壶

根据制壶匠人的经验，摊放、陈腐时间长的泥料远比摊放时间短的泥料质量好。用摊放、陈腐时间长的泥料制成的壶，一经使用，就迅速地温润有光，甚至未经使用也会透出油润的光泽。

宜兴泥料矿石的颜色五彩斑斓，一般深藏于岩层下。制作紫砂壶的泥料有紫泥、底槽青、本山绿泥、段泥、红泥、墨绿泥、黑泥、天青泥和拼配泥等。

宜兴泥料经烧制后，有些成品的颜色与矿石颜色相近，如紫泥泥料烧成后为紫红色；有些成品的颜色与矿石颜色则相去甚远，如本山绿泥矿石的颜色为浅绿色，而烧成的宜兴壶颜色为黄色。

紫泥

紫泥是宜兴壶使用最多的泥料。自明代万历年间的制壶名家时大彬起至今日，紫泥是多数制壶名家最喜欢用的一种泥料。宜兴的紫泥与世界其他任何地方的紫泥都迥然不同，这使得宜兴紫砂壶独一无二。但同是宜兴本地出产，紫泥与紫泥也有很大区别，如浅层矿的紫泥与深层矿的紫泥在色泽上就有所不同。明末清初以前主要使用采自较浅层矿的紫泥，烧成后一般呈紫红色，初看好似今天的原矿红泥壶。优质紫泥中常夹杂着星星似的黑点，被老匠人称为“黑星星”。“黑星星”是铁质烧制后所呈现的斑点，经过长时间的使用和养护，铁质部分会呈银白色，非常美观。

紫泥中的“黑星星”

紫泥菊瓣壶　　紫泥恒圆壶

紫泥双圈壶　　紫泥提梁壶

民间有一种说法，在深层紫泥矿井中，挖至尽头，有一种珍贵的泥料，这种泥料藏在如马槽般的岩石中，因此被称为“底槽青”。底槽青矿石的特点是紫泥中夹杂着星星点点的绿斑，有的矿石中绿斑较多，有的较少；有的斑块较大，有的斑块小如绿豆。

本山绿泥

“本山”是指宜兴本地原矿，以区别于其他地区所产的矿料；“绿泥”是指泥料矿石刚刚开采出来时呈现的是青绿色泽。本山绿泥可塑性差，烧制过程中容易开裂，因此很少单独用来制壶。使用本山绿泥烧制的壶呈黄色。

本山绿泥容天壶

段泥

一般紫泥、红泥的泥矿层不论厚薄，均一层层如同千层饼一样，不会间断，唯有段泥，虽然在同一泥矿层中，但往往会被其他的泥料或矿石隔成一段一段的，故被称为“段泥”。段泥产量较高，黄色段泥壶在宜兴壶中较为常见。

段泥井栏壶

段泥石瓢壶

红泥

红泥被本地人称为“石黄”，朱泥是红泥的一种。红泥原矿呈红色或粉红色，红泥原矿烧成后，色泽虽亮些，但仍与原矿泥料颜色相近。红泥矿中氧化铁含量高，烧成后质坚致密。由于宜兴壶泥料中紫泥最常见，并最为人们所接受，因此红泥壶在很长一段时间内未被重视。随着红泥矿开采量增加，红泥壶逐渐成为人们的爱物。

红泥肩线水平壶

墨绿泥

1915年，制壶匠人尝试将氧化钴加入段泥中进行拼配，经过反复试验，创造出一种新的泥色，本地人称之为“墨绿泥”。当时氧化钴价高，制壶匠人一般不舍得整壶使用，而只是将其用于壶的装饰，如在壶身上做墨绿色的桃叶、竹叶、松针等泥塑，有时也会将壶涂上一层墨绿泥以为“化妆”。

墨绿泥鸽子壶

黑泥

清末民初时称黑泥为“捂灰泥”，现代只要在泥料中加入氧化锰，就可以烧成黑色宜兴壶。

黑泥壶

天青泥

天青泥是泥料中非常珍稀的泥色，这种泥料产自何处，有何特性，在文献中没有记载，传说天青泥矿清末以前就已采尽。因此，天青泥是宜兴壶泥料中最具神秘色彩的一种。

拼配泥

不同泥料按照不同的配比拼配，即为拼配泥。制壶匠人在实践中摸索出各自的泥料拼配经验，“取用配合，各有心法”，其方法往往秘不外传。

常见的拼配泥有两种，一种是在紫泥中加一定量的红泥，在宜兴本地被称为“普紫”；另一种是在本山绿泥中加少量其他色泽的泥，较常见的是加入一种本地人称为“白泥”的泥料，目的是增加泥料的黏度，便于成型。

紫色、红色、黄色为拼配泥的基本颜色，在此基础上，由于泥料矿区不同、拼配方法不同以及烧制温度的变化控制等原因，宜兴壶呈现出丰富的色泽。

紫砂壶的制作

紫砂壶的制作工艺

制作紫砂壶的主要工艺是制作身筒，制作圆壶的工艺是打身筒，

制作方壶的工艺是镶身筒。身筒制作完成后，再制作壶底、壶口、壶柄、壶流、壶盖等，然后把它们安装到身筒上。之后进行壶的通身压光，最后是在壶底和壶盖里打上作者的名号和印章后进行烧制。

紫砂壶的烧制温度

一般而言，烧制紫泥壶的窑温为1170℃左右，烧制红泥壶的窑温为960℃左右。窑中的火温以及窑内的氛围都会直接影响壶的品质，会造成紫砂壶色泽的差异。

紫砂壶的装饰方法

紫砂壶使用的装饰手段非常丰富，如镂空、雕塑、刻绘、镶嵌、描金、泥绘、调砂、釉彩绘等，有时制壶匠人会将几种装饰手段结合使用。同时，由于文人酷爱紫砂壶，匠人们又将书法、绘画艺术表现在紫砂壶上。

在紫砂壶的装饰方法中，完全为宜兴本地原创的有两种，一种是调砂，另一种是泥绘。

调砂俗称桂花砂，早在明代就已发明。早期调砂工艺是将一种金黄色的粗砂掺入紫砂泥中，做成的壶看上去如繁星满天的夜空，令人神往。经长久使用，壶身上的粗粒黄砂如金星点点，令人百看不厌。

泥绘是宜兴陶艺家巧妙利用本地泥料的颜色，以浆泥在紫砂壶上作画的紫砂器装饰工艺。比较常见的是用黄泥、红泥作为画料，在紫砂壶等紫砂器物上进行绘画。

镶金

调砂

釉彩绘

紫砂壶的选购

选购紫砂壶，首先要考虑清楚购壶的目的是自己使用、把玩，还是收藏升值，或是要馈赠亲友。

挑选自用紫砂壶的技巧

如果为了泡茶自用而选购紫砂壶，应从以下几个方面加以考虑：①出水要顺畅，断水要果断，不“流口水”；②重心要稳，端拿要顺手；③口、盖儿设计合理，茶叶进出方便；④大小需合己用。

如果除使用外还要把玩，除以上实用性外，紫砂壶还应具有一定的美感。一把好的紫砂壶，其流、把、钮、盖、肩、腹、圈足应与壶身整体比例协调，点、线、面的过渡转折应清晰流畅，泥、形、款、功四方面都应具备一定的水准。

紫砂器之美

挑选收藏升值用紫砂壶的技巧

如以收藏升值为目的，应考虑选购孤品、珍品、妙品、佳品四大类紫砂壶。“孤品”普通人难得一见，可遇不可求；“珍品”为历代名家与非名家的优秀作品；珍品中泥色独特、工艺非凡、造型奇妙者称为“妙品”；只要泥佳、形美、工良、火好的壶都可算作“佳品”。

挑选馈赠亲友用紫砂壶的技巧

我国南北风俗有异，饮茶习惯不同，送紫砂壶也应有所区别。如福建、广东一带的人喜欢饮乌龙茶，馈赠这些地区的亲友宜选小壶，孟臣款水平壶为潮汕地区人们的最爱；江浙地区的人喜饮绿茶，宜选容量大于250毫升、壶身较扁的壶；北方人爱喝花茶、绿茶，选择圆形、容量较大的紫泥壶为好。

若是赠送国际友人，日本人喜欢侧把壶和壶流内放置了球孔的壶；韩国人喜欢造型朴拙的壶，如梨形壶、西施壶、石瓢壶、仿古壶等；欧美国家的人则喜欢有彩绘、描金、镶嵌、雕塑等具有装饰感和中国元素的紫砂壶。

此外，还应考虑赠送对象的年龄和性别，如果是送老年人，宜选择稍大一点的壶，且造型古典的为好；如果是送女性，西施壶较为保险。

选购紫砂壶的方法

选购紫砂壶可以从看、摸、听、闻四方面入手。

①看。买壶前可以先看看博物馆、收藏家的藏品和紫砂壶传世作品图谱，对好壶有一定的感性认识。挑选紫砂壶时，应仔细观察紫砂壶的颜色、各个部件的比例、安装角度等工艺细节，对照记忆，认真挑选。

②摸。优质的紫砂壶看起来粗糙，可摸上去却很光润。这种光润

是泥料自然的质地，不同于抛光、打蜡造成的光滑感。如经抛光、打蜡，用沸水一浇壶身，水珠立马滑落。正常的泥料用沸水浇淋后有渗入感和湿水感。

③听。将沸水倒入壶中，能隐隐听到壶中有“沙沙”的吸水声，如果一点声音都没有，要留意壶的泥料。

④闻。将沸水注入壶内后倒掉水，闻一闻壶内有无刺鼻的气味或者明显的土腥味，没有为正常。

影响紫砂壶价格的因素

紫砂壶具有艺术品的特点，具有较大的价格空间。影响紫砂壶价格的因素主要有以下几个方面：

①泥料。泥料的种类、纯度、掺和、添加等，都会对紫砂壶的成本产生影响。

②工艺。造型体现了紫砂壶的精神内涵，工艺师需要积累经验，并在制壶时投入一定的时间来保证其品质。

③工艺师。紫砂壶价格越高，工艺师职称附加值因素所占比例越大。紫砂壶工艺师的职称有中国工艺美术大师、中国陶瓷艺术大师、江苏省工艺美术名人、高级工艺美术师、工艺美术师、助理工艺美术师、工艺美术员、陶艺艺人等。职称可以理解为对工艺师自身无形资产价值的评价，不同级别工艺师的附加值明显不同。

④销售地点。紫砂壶在不同场所售卖，价格不同。同一匠人制作的紫砂壶，在繁华地段商城的销售价格，与在批发市场、展会销售的价格可能相差数倍。

⑤购买时机。在促销期或展会撤展时买紫砂壶会比较便宜。

花器紫砂壶

紫砂壶的养护

新壶的清洁方法

紫砂壶经过千余度高温烧制而成，如果在存储、运输过程没有被污染，经过几次沸水内外浇淋就可以使用，无需所谓“开壶”程序。如担心储运过程中壶被污染，可将壶放入冷水锅中加热煮一个小时，之后就可以用了。

养壶的技巧

养壶是一个漫长的过程，应在泡茶的过程中养壶，把它当成人与物的交流和沟通。紫砂壶未用之前是一种颜色，用了之后又呈新色。个人把玩方法不同，用茶有异，其色也千壶千面。只要每天泡茶，且保养得法，紫砂壶的表面会渐渐生成一种光泽，温润如玉。

养壶的方法很多，但原则基本相同：

①用毕应用沸水将壶身内外彻底洗净；

②切忌使壶接触油污；

③泡茶时用茶汁滋润壶表；

④适度擦拭壶身。

养壶的禁忌

①切忌心急。养壶是个漫长的过程，不可能一蹴而就，坚决不能用细砂布或砂纸等擦拭紫砂壶，这样会损伤壶的表面，使壶失去自然光泽，留下划痕，从而破坏紫砂质感。

②切忌剩茶。有些人认为将饮剩的茶汤留在壶里有助于养壶，这是错误的认识。虽然用紫砂壶泡茶确实有隔夜不馊的特点，但隔夜茶会有陈汤味，对紫砂壶损害很大。

③切忌一把壶冲泡多种茶。紫砂壶透气性好，容易吸味，不同茶的香气不同，为了防止用紫砂壶泡茶时串味，通常一把紫砂壶只能冲泡同一种茶。

工欲善其事，必先利其器。想喝一杯好茶，首先要选择与茶相适应的茶具。好茶配好器，才不辜负茶的情义。

选择茶具有讲究

因茶择具

根据不同茶叶的特点，选择适合的壶、杯，才能更好地发挥出茶叶特有的香气和滋味。比如，冲泡西湖龙井、碧螺春等发酵度较低的茶，或芽茶类的白毫乌龙等注重香气的茶，宜用烧结温度高、传热快、容易使茶的香气挥发的瓷壶；冲泡安溪铁观音等发酵度较高、注重味道、揉捻紧结的茶，则宜用硬度和密度较低的陶壶。

■ 适宜冲泡绿茶的茶具

冲泡绿茶时，多选择无色、无花、无盖的透明玻璃杯。透过简洁透明的玻璃杯，可以观赏绿茶芽叶在水中缓慢舒展的过程。此外，也可用白瓷、青瓷或青花瓷无盖杯冲泡绿茶。

玻璃杯泡碧螺春

适宜冲泡红茶的茶具

冲泡红茶时，可使用瓷壶，也可使用内挂白釉的紫砂杯、红釉瓷杯等。品饮时，如果为了观赏茶汤，可以选择白瓷杯或者透明玻璃杯。

适宜冲泡乌龙茶的茶具

紫砂壶能蕴香，非常适合冲泡乌龙茶。此外，也可选用盖碗冲泡乌龙茶。品饮乌龙茶时，茶杯宜小。

适宜冲泡黑茶的茶具

冲泡黑茶时，可使用紫砂壶或紫砂杯，也可使用盖碗。此外，还可使用如意杯或飘逸杯。

紫砂壶

适宜冲泡白茶的茶具

冲泡白茶时，可选择玻璃茶具或瓷茶具。如果是汤色较重的老白茶，可用各式陶瓷杯；若汤色较淡，可选白瓷杯。

适宜冲泡黄茶的茶具

冲泡黄茶时，可选择玻璃杯或白瓷盖碗等。

适宜冲泡花茶的茶具

冲泡花茶时，可选择瓷茶具，瓷茶具可使香气聚拢，能很好地体现出花茶的品质。此外，青花盖碗、粉彩盖碗也是不错的选择。

因时择具

喝茶养生已经成为很多人的生活方式之一，人们喜欢根据茶叶的性能，按季节选择不同种类的茶。季节不同，茶具也应有所变化。

春夏常用茶具

春天万物复苏，人体和大自然一样，处于抒发之际，饮茶有利于散发冬天积在体内的寒邪，促进人体阳气的生发，此时宜喝茉莉、珠兰、玉兰、桂花、玫瑰等花茶；夏天骄阳似火，人体津液消耗大，此时宜饮西湖龙井、黄山毛峰、碧螺春、珠茶、珍眉等绿茶。在春季和夏季泡茶，宜选择玻璃茶具或瓷茶具。

玻璃茶具

玻璃茶具质地透明，光泽夺目，可塑性大，造型多样，深受爱茶人的欢迎。用玻璃杯泡茶，茶叶在冲泡过程中的上下浮动、叶片逐渐舒展的情态以及茶汤的颜色，均可一览无余。

用玻璃茶具冲泡绿茶，杯中轻雾飘渺，茶芽亭亭玉立，茶在水中轻舞浮沉，别有一番情趣。用玻璃茶具冲泡花茶，可观赏花茶在杯中舒展绽放的美妙过程。

瓷茶具

春天泡花茶时可选择青花瓷或青瓷盖碗；夏天泡绿茶时也可选择青瓷、白瓷或青花瓷的杯子，但最好选择无盖杯。

秋冬常用茶具

进入秋冬季，天气逐渐变冷。秋天天气干燥，常使人口干舌燥，此时宜饮安溪铁观音、铁罗汉、大红袍等乌龙茶；冬天气温骤降，寒气逼人，此时宜喝祁红、滇红、闽红、湖红、川红等红茶和普洱茶、六堡茶等黑茶。在秋季和冬季泡茶，宜选择陶茶具或瓷茶具。

陶茶具

陶器由矿物黏土制成，分子间密度比较大，气孔率和吸水率较高，容易吸收茶香。

冬季冲泡红茶首选紫砂壶，因为紫砂壶透气性能好，不易使茶叶变味，而且能吸收茶汁，壶内壁不刷，泡茶也无异味。紫砂壶使用得越久，壶身色泽越光亮照人。冲泡黑茶也可选择陶茶具，用陶茶具泡茶能消除黑茶的杂味，突出其陈醇的韵味。

瓷茶具

秋季冲泡乌龙茶最适合使用白瓷盖碗。首先，白瓷盖碗不吸味，导热也快。其次，有些乌龙茶为珠茶，干茶与展开后的体积相差甚大，盖碗有利于叶面的伸展，有利于鉴赏叶底。

井栏壶

因地择具

办公室茶具

在办公场所泡茶，若选择一套工夫茶具未免太隆重，为了简单方便，很多人选择用大茶杯解决问题。但很多大茶杯往往没有隔渣功能，略显尴尬。建议办公一族泡茶时选择玻璃飘逸杯。

玻璃飘逸杯一般会配备有小杯，基本可以满足办公一族的需要，冲一壶茶，惠及多位同事，还能增进同事之间的感情。

玻璃飘逸杯

居家茶具

在家泡茶，茶具选配可繁可简，刚入门的茶爱好者不一定选择成套的工夫茶具，可选基本配置，即随手泡、茶杯、公道杯、茶壶或盖碗、茶盘；各种辅助器具，如茶夹、茶荷、茶巾等，可用其他工具代替。选择随手泡时，要注意其不锈钢材质是否合格。茶盘尺寸主要取决于空间大小和个人喜好，如果空间较小，选择小巧的茶盘即可。

如果对茶比较了解，且家里的空间较大，可选一整套工夫茶具。茶具摆放应整齐有序，这样招待客人和朋友时显得恭敬。

商务接待茶具

商务接待时，选择木色系的茶盘会看起来更高档些。关于杯种和套装，可根据主人的性格和爱好来选择：如果主人性格开朗活泼，可选择红色系的茶具套装；如果主人性格文静，品味独特，可选择颜色清丽、色泽通透的茶具，如青瓷茶具；如果想显得大方阔气，可选择金色系的茶具套装。

此外，还有一种镀铜茶具，即在不锈钢茶具表面镀上一层铜色，这种新款茶具不是每个人都能接受，但用来招待客人也十分有面子。

户外茶具

对于爱喝茶的户外运动爱好者来说，户外运动后喝一杯茶是一种享受，但带着大套的茶具会束缚他们的手脚，而用保温杯泡茶又会因久泡而使茶味变苦，因此建议进行户外活动时选择快客杯。

快客杯是最简单的泡茶工具，材质、造型多样，“盖就是杯，杯就是盖”，而且有滤渣功能。

茶席所表现的不仅是一个主题、一种环境，更是冲泡者的状态和心境。茶席用具的选择，不仅能为冲泡过程增色，也能给品茶者带来视觉上的享受。

茶席用具有讲究

广义的茶席是指由庭院、茶台、音乐、字画、香、花、茶等元素综合组成的茶席布置。狭义的茶席仅指泡茶和品茶的茶台。茶席要协调、美观、雅致，从茶室环境到茶桌布置都是用心的结果。

近年来，茶席布置越来越受追捧，不管是普通茶爱好者还是资深茶达人，为营造一个温馨、高雅、舒适、简洁的品茗环境，都会对茶席进行一番研究和摆搭。

茶桌

茶桌是泡茶、品茶时使用的桌子。现代茶桌是集泡茶、消毒、抽水、品饮于一体的茶台，具有实用性、艺术性，有的还具有收藏价值。茶桌多用木头或树根制成，木材要选用有一定韧性和硬度、木纹美观的木材，如紫檀木、红木、黄花梨木、鸡翅木、榆木等。茶桌形

茶桌

状多样，有方形、长方形、椭圆形等。根雕茶桌一般搭配根雕茶凳。选择茶桌时需要注意一些细节：

①茶桌摆放要安全。如果茶桌摆放的位置是经常走动的通道，应该选择比较圆润的款式。

②茶桌的颜色应与大环境的色调相谐调。

③要根据茶室空间的大小来确定茶桌的尺寸和形状。如空间不大，应选择椭圆形小茶桌，让空间显得轻松且不局促。

茶椅

茶椅一般与茶桌配套，带靠背或不带靠背，一般一张茶桌配4～6把茶椅。茶艺师泡茶的坐椅高度需要与茶桌相配，过高或过低都不方便操作。

茶车

茶车就是可以移动的泡茶的桌子。茶车体积不大，但结构巧妙：泡茶时，可将两侧的搁架支起；不泡茶时，将两侧的搁架收起，整个茶车便成为一个茶柜，柜内分层，可以放置泡茶时的必备用具。茶车占用空间小，移动方便，而且便于收纳茶具。

茶席布

茶席布挑选有讲究

茶席布又叫桌旗，一般都是长条状，除了用来布置品茶环境，还

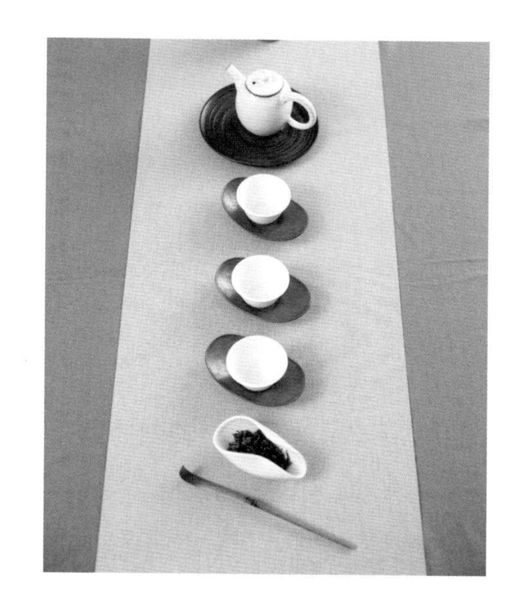

可以作为茶桌上的点缀物。

茶席布的长度一般与茶桌长度一样，也可比茶桌稍长。茶席布的颜色一般不宜太花，通常用单色的或是有纹饰图案的。如果茶具是浅色的，应挑选总体呈浅色或深色的茶席布；深色的茶具应挑选总体呈浅色的茶席布。如果有多套不同的茶具，可以选百搭款的茶席布。百搭款的茶席布通常是颜色比较稳重的单色系，如咖啡色、浅米色、浅灰色、深蓝色等。

除了考虑长度、颜色外，还要考虑茶席布的原材料。茶席布按原材料分为棉麻茶席、竹茶席、苎麻茶席和亚麻茶席。这几类茶席布有不同的特点：

①棉麻、亚麻茶席：价格适中，单色系的价格通常比较容易接受，有纹饰图案的价格稍高。缺点是不容易清洗，晾晒后皱的地方需用熨斗烫平。

②竹茶席：材质较软，不容易伤到手，价格是四种材料里最便宜的，而且不用经常清洗，可用湿布直接擦拭。颜色以浅米色、咖啡色为主，跟各种材质的茶具都比较搭。

③苎麻茶席：织得较宽的，价格跟棉麻、亚麻茶席差不多；织得比较密又有拼色或纹饰的，价格稍高一些。苎麻茶席一般连着织，购买时需要从一整卷里剪下来，再动手压边。

茶席布铺垫有讲究

茶席布铺垫的基本方法有平铺、叠铺、立体铺、帘下铺等。

①平铺：又称基本铺，指用一块横竖都比茶桌大的铺品，将茶桌四边垂沿遮住。平铺是茶席设计中最常见的铺垫方法，是叠铺的基础。

②叠铺：指在不铺或平铺的基础上，叠铺成两层或多层的铺垫方法。叠铺是铺垫方法中最富层次感的一种，可将书法作品、国画作品等叠铺在桌面上。

③立体铺：先在织品下固定一些支撑物，然后将织品铺垫在支撑物上，以构成某种物象的效果。立体铺属于艺术化的铺垫方法，效果富有动感。

④帘下铺：是将窗帘或挂帘作为背景，在帘下进行桌铺或地铺的铺垫方法。

茶趣

在茶桌上，经常可以看到蟾蜍、貔貅、乌龟、金猪、神话人物等不同样式的物品，这些小萌宠就是茶趣，也称茶宠。茶趣是用来装饰、美化茶桌的，可为泡茶过程增添情趣。茶趣一般为紫砂质地，造型各异，有瓜果梨桃、各种小动物和各种人物造型，生动可爱。紫砂质地的茶趣，平时也要像保养紫砂壶一样保养它，要经常用茶汁浇淋表面，用养壶巾、养壶刷进行保养，慢慢地，茶趣也会养出灵气来。茶趣不仅给茶席增添了无限意趣，也体现了茶席主人的一些生活小情趣。

茶趣

盆景

盆景充满生机，在大多数人心目中算是比较孤傲的存在。在茶席布置中，盆景宜小巧精致，配景中常搭配人物或者亭台楼阁，不仅能升华盆景的美，还能营造清新雅致的喝茶环境，让人在喝茶时心情放松。

插花

插花原本是一门独立的艺术，但是在茶席上，插花只是配角，起到对茶的衬托作用。插花所使用的不仅仅是花，也包括叶子、树枝、果实等，花器可用瓶、盆、篓、篮等。鲜花可以使整个茶室、茶席生动起来，只要有花，整个茶道空间便顿时生机盎然起来。

茶席插花受空间和主题的限制，必须以茶为主，插花为辅，因此造就了茶席之花的特殊性。茶席所用花材应花小而不艳、香清而淡雅，最好是含苞待放或花蕾初绽的花，花朵不宜过多，香气不宜过浓，否则会干扰到茶的香味；而且花朵、枝叶不可太大，颜色也要与整个茶席的气氛和主题相吻合。

插花

茶席插花一般有四种形式：直立式、斜插式、悬挂式和平卧式。

直立式插花，是指鲜花的主枝干基本呈直立状，其他插入的花卉也都呈自然向上的势头。

斜插式插花，是指鲜花的主枝干呈倾斜状，其他花卉也自然倾斜。

悬挂式插花，是指第一主枝在花器上悬挂向下。

平卧式插花，是指全部花卉在一个平面上。

焚香

焚香是茶艺的重要组成部分，它作为一种艺术形态融于整个茶席中，美好的气味让人获得嗅觉上的舒适感受。

品茗焚香时，香品的选择比较讲究。若根据茶叶种类选择香品，浓香的茶需要焚较重的香品，幽香的茶则需焚较淡的香品；若根据季节选择香品，一般春天、冬天焚较重的香品，夏天、秋天焚较淡的香品；若根据空间大小选择香品，一般小的空间焚较淡的香品，大的空间焚较重的香品。

除了香品的选择比较讲究外，香具的选择也不容忽视，品茗焚香的香具以香炉为最佳选择。茶席中的香炉，应根据茶席的主题和内涵来选择。香炉在茶席中的摆放，应坚持不夺香、不抢风、不挡眼三个原则。

檀香（盘香）

焚香除了产生香气，还会产生香烟，不同的香品、不同的香具会产生不同的香烟，欣赏袅袅的香烟对品茶者来说也是一种美的享受。

在茶室焚香可以让茶与香相得益彰，使人更立体地感受品茗的全部美感。但茶室焚香的用量要适量，香气不能过强，否则会干扰对茶香、茶味的品鉴。

■ 字画

茶空间摆置字画能为品茶增添意趣，字画的内容应主要以茶事为主，也可表达某种人生境界、人生态度和人生情趣。字画的布置要与茶席相协调，风格与美感要一致，否则主题不明显。字画的点缀可以显示茶主人的文化素养，但也要适当搭配，不可装饰太多，否则易给人带来压抑的感觉。

■ 音乐

音乐是茶席的重要组成部分。选择什么音乐，与当时的季节、天气、心情、茶会主题、客人喜好等相关，但品茶一般要求在平静的氛围中进行，因此茶席的背景音乐应以平缓的慢板或中板为主并贯穿始终，一些无歌词的吟唱音乐、古琴伴奏的古诗词吟唱等往往是茶席音乐佳选。

■ 茶器

茶桌上美观的茶器必然是整个茶席的焦点。茶器款式各异，材质也五花八门，每种茶器都能呈现出不一样的韵致，让人迷恋。现在很多人喜欢将一些有年份的老器物与时尚的茶具混搭使用，老物件的沉稳内敛与新茶具的流光溢彩对比鲜明又和谐统一，带给人多元的美感。

茶席可简单理解为泡茶、品茶的席面，有一定的规划性和严肃性，布置茶席是为了表现茶道之美并体现茶道精神。可以说，茶席是泡茶人布置的道场，也是爱茶人对茶道之美的一种表现方式。

茶席布置有讲究

茶席布置，小可仅指茶桌台面的布置，大可延展到茶室内甚至门外庭院的安排。茶席是泡茶、奉茶、品茶的空间，这个空间应空气清新，光线柔和，温度适宜，安静闲适。

茶席布置应考虑到茶席与茶具和所泡茶类的和谐，铺垫茶席布、摆放茶具、插花、焚香和挂画都是茶席布置中的重要组成部分。

古人将品茶、插花、焚香与挂画合称为“四艺”，可见四者的密切关系。茶室中应以字画、插花装点，装饰物的色调、摆放要与茶品和茶具相呼应，还应燃香，使茶室文雅舒适。

茶与茶具是茶席的灵魂，布置应坚持“茶为君，器为臣，火为帅”的原则，铺垫、器物等都是为茶服务的。不同的茶类应搭配不同的茶具，如乌龙茶搭配紫砂茶具，绿茶搭配玻璃茶具，红茶搭配瓷茶具。此外，茶席铺垫、摆放应在功能性的基础上尽可能地兼顾艺术性。

居家茶席

设立居家茶空间

在家中布置一个喝茶的小天地，首先要拥有一个安静的区域，可以放置一张小茶桌、几个软靠垫、简单的地台或榻榻米……有条件的可以专门开一间茶室，空间不足的也可以开辟一个角落设一方茶席，如果空间实在不允许，也可以为自己准备一套简单的茶具，在空闲的时候坐下来，泡一壶茶，慢慢地品，好不惬意。

居家茶席的布置并不是一成不变的，它可以随着季节的变化而改变，保持对美的敏感，也是茶席设计的追求。

居家茶空间

居家茶席茶具

居家茶席的布置，应和家庭装修风格相协调，这样才能相得益彰。一套高雅得体的茶具摆放在茶席上，不但装点了环境，营造了氛围，还增添了生活情趣。

居家茶席上，一般需要配备茶壶、随手泡、公道杯、茶滤网、茶杯、杯托等。茶仓和茶刀不必放在茶席上。

居家茶席插花

居家茶席的插花讲究素雅，不应过于繁盛。在选花时，最好选取应时、应景、应地的花朵，如在茶席附近采摘，可以更好地融入茶席氛围。花朵的颜色应与周围环境、茶席色调、茶汤颜色相互配合，形成一个和谐的整体。

主题茶席

确定主题

不管是设计一个新的茶席，还是更新一个原有的茶席，都应提前确定好主题。主题茶席的主题可以是季节、茶类、节日或新婚，也可以是“复古”“浪漫”“现代”等。

茶席的主题需要考虑动作和内容两个部分，主要形式有以下四种：

①生活茶艺：取材于生活，如童年、爱情、工作、乡愁、季节等。

②民俗茶艺：如白族三道茶等表现民族文化的茶艺。

③仿古茶艺：如唐代煮茶、明代煮茶等表现古代茶文化的茶艺。

④宗教茶艺：如禅茶、道家茶艺等表现宗教文化的茶艺。

选择茶叶与茶具

确定了茶席的主题，接下来就要选择相应的茶叶。如主题为“童年”则选择小时候喝过的茶，仿古茶艺多选用抹茶，宗教茶艺则根据宗教的习俗和文化确定茶叶。

选择好茶叶，接下来就要确定茶具，茶具应与所泡茶类及茶席主题相搭配。如泡红茶一般用瓷盖碗，泡绿茶一般用玻璃杯，泡乌龙茶一般用紫砂壶等。

■ 茶席设计

主题确定后，便可进行茶席设计，茶席设计主要包括桌面设计和空间设计两部分。

桌面设计

桌面设计的主要环节是铺桌布。桌布一般有两层，一层为打

主题茶席

底，一层用作桌旗，从而增强桌面的层次感。桌布有布、麻、丝等各种材质，可以根据主题和茶类进行选择。

空间设计

空间设计主要考虑空间的装饰问题。空间的装饰方法很多，如想表现生命力，可选择茶艺插花；要表现光阴流逝，可选择摆一张老照片等。

除了这些，还要选择一首符合主题的背景音乐。

四季时令茶席

春季茶席

春天，离不开春风、暖阳和鲜花。春天的茶席可以安静典雅，也可以温暖明艳。

茶席布

春季的茶席布应以生发色为主，如绿色、粉色、桃色，宜配奶白色、姜黄色、米黄色等暖色系的辅助铺垫。

插花

春天的茶席插花可以用一些比较鲜嫩的颜色，如绿色、粉色，显得有生气，常用的花卉有迎春花、牡丹、桃花、杏花、樱花、金鱼草、榆叶梅、垂柳、垂丝海棠等；也可以选择透明简约的北欧玻璃花瓶，再搭配一些长枝条的绿叶。

所泡茶类如果是茶汤颜色较深的普洱茶、武夷岩茶等，插花可以选择素雅的梅花、玉兰、水仙；如果是茶香浓郁的凤凰单丛、茉莉花茶等，则用海棠。

夏季茶席

夏天的茶席应简洁素雅，若再加一抹翠绿，则更能养眼、养心。

茶席布

夏季茶席应选择手工织造的苎麻茶席布，苎麻茶席布质朴而清雅，透出阵阵凉意。

盆栽

夏季，即便在室内也能感受到燥热与暑闷。在茶席上放一个小盆栽，盆栽中放几颗雨花石，自带清凉属性，可以抚平内心的躁动。

插花

夏日茶席中的插花，主要以简洁淡雅、小巧精致为主，颜色应为清爽的蓝色或墨绿色，营造凉意，缓解夏日的烦闷。鲜花不求繁多，只插一两枝便能起到画龙点睛的作用。

如果泡的是绿茶，可以选择白色的茉莉或粉白色的荷花；如果泡的是白茶，可以选择粉色的蔷薇或木槿等。

焚香

夏季茶席可焚沉香，沉香能够清热解暑，让人情绪平静，而且更有精神。

茶趣

夏季茶席可以选择摆放以莲花为原型的茶趣，清凉之感扑面而来；也可以选择摆放一些具有历史感的木件，质感温暖，容易让人产生亲近感。

秋季茶席

茶席布

秋天是层次最丰富的季节，茶席可以选用橙色或黄褐色等颜色较为鲜艳的茶席布。

茶趣

秋季茶席可选用竹木、陶瓷等材质的茶趣进行搭配。

插花

秋季茶席插花使用较多的是菊花、桂花、鸡冠花、枫叶、千日红、一串红、九里香等。如果在秋雨绵绵时品茗，可选用枯荷与莲蓬，营造一种“留得残荷听雨声”的意境。

冬季茶席

冬天万物沉寂，茶席设计应温暖厚重，以体现贴心为主，通过插花、茶具、茶席布等方面，营造出温馨与关怀的氛围。

冬季设席饮茶，可选阳光充足、清爽透气的书房、阳台、飘窗，或开阔点的露台，布置个性的茶席，让冬天的茶生活不像天气那样清冷、萧条。

茶席布

茶席布材质多选用绸缎，颜色可选择大红色，打破冬季阴郁的气氛，也可随心所欲进行辅助铺垫，给冬季增色。

插花

冬季茶席插花可用腊梅、南天竹、银柳、仙客来、马蹄莲、天竺葵、水仙等花卉。